DIE

MUTATIONEN UND DIE MUTATIONSPERIODEN

BEI DER

ENTSTEHUNG DER ARTEN.

VORTRAG,

GEHALTEN IN DER ALLGEMEINEN SITZUNG DER NATURWISSENSCHAFTLICHEN HAUPTGRUPPE DER VERSAMMLUNG DEUTSCHER NATURFORSCHER UND AERZTE IN HAMBURG AM 26. SEPTEMBER 1901.

VON

HUGO DE VRIES,

PROFESSOR DER BOTANIK IN AMSTERDAM.

MIT ACHT FIGUREN.

LEIPZIG,

VERLAG VON VEIT & COMP.

1901

Verlag von VEIT & COMP. in Leipzig.

DIE MUTATIONSTHEORIE.

Versuche und Beobachtungen über die Entstehung von Arten im Pflanzenreich.

Von

Hugo de Vries,
Professor der Botanik in Amsterdam.

Erster Band.

Die Entstehung der Arten durch Mutation.

Mit zahlreichen Abbildungen im Text und acht farbigen Tafeln.

Roy. 8. 1901. geh. 20 M., geb. in Halbfranz 23 M.

Der zweite Band, mit dem das Werk abgeschlossen wird, behandelt die Bastardbildung und soll längstens 1903 vollendet vorliegen.

MUTATIONEN UND MUTATIONSPERIODEN

DIE

MUTATIONEN UND DIE MUTATIONSPERIODEN

BEI DER

ENTSTEHUNG DER ARTEN.

VORTRAG,

GEHALTEN IN DER ALLGEMEINEN SITZUNG DER NATURWISSENSCHAFTLICHEN HAUPTGRUPPE DER VERSAMMLUNG DEUTSCHER NATURFORSCHER UND AERZTE IN HAMBURG AM 26. SEPTEMBER 1901

VON

HUGO DE VRIES,
PROFESSOR DER BOTANIK IN AMSTERDAM.

MIT ACHT FIGUREN.

LEIPZIG,
VERLAG VON VEIT & COMP.
1901

Druck von August Pries in Leipzig.

Der in Hamburg gehaltene Vortrag erscheint hier in etwas erweiterter Form. Für die nähere Begründung der Versuchsergebnisse sei auf den ersten, für die daran geknüpften Folgerungen aber auf den zweiten Band meines Werkes: Die Mutationstheorie (Leipzig, Veit & Comp. 1901) verwiesen. Die Figuren im Texte sind diesem Werke entnommen.

H. de Vries.

Hochverehrte Versammlung!

Unerschütterlich waltet die Ueberzeugung von dem gemeinschaftlichen Ursprunge der Arten. Sie ist die einzig mögliche Erklärung der natürlichen Verwandtschaft und der vielseitigen Beziehungen, welche die Organismen verbinden. Jeder Theil der biologischen Wissenschaft und fast jedes Jahr bringt neue Thatsachen, neue Stützen und neue Beweise. Die Bahn, welche DARWIN und HAECKEL der Descendenzlehre gebrochen haben, ist breiter und breiter geworden und vereinigt jetzt die Forscher auf allen einschlägigen Gebieten.

Ueberall sind die Gegner zurückgedrängt. Aber eine letzte Burg ist ihnen geblieben. Unausgesetzt haben sie von dieser aus die neue Lehre bekämpft, ihre schwächste Seite aufsuchend.

Diese Burg ist die Constanz der Arten; der schwache

Punkt der Theorie ist die Lehre von der ganz allmählichen Umwandlung. Die Constanz der Arten ist Beobachtungsthatsache. Ihr gegenüber stellt die Abstammungslehre die Annahme, dass die Veränderungen so langsame seien, dass sie sich erst im Laufe der Jahrhunderte zeigen würden. Aber eine solche Behauptung hat nie völlig befriedigen können. DARWIN selbst kannte ihre Schwäche, und KÖLLIKER stellte ihr die Lehre von kleinen, aber plötzlichen Veränderungen entgegen, durch welche neue Arten, wie mit einem Schlage, aus alten hervorgehen.

Immer mehr stellt es sich heraus, dass auf diesem Boden eine Vereinbarung möglich ist. Lässt die Abstammungslehre die Hypothese von der ganz allmählichen Umwandlung fallen, so erscheint die Art wieder als die in sich abgeschlossene Einheit, deren die Systematik als Grundlage für ihre Studien bedarf. Allerdings nicht durch eine schöpferische Thätigkeit abgeschlossen für alle Ewigkeit, aber doch nach Zeit und Raum. Und nur darauf kommt es thatsächlich an.

Um die Mitte des vorigen Jahrhunderts, als nur ganz vereinzelt kühne Geister an ein gemeinsames Entstehen der Arten glaubten, kam diese Auffassung nicht in Gegensatz zu der Lehre von der Beständigkeit der Formen. Man dachte sich die einzelnen Arten nicht allmählich, sondern stossweise aus einander her-

Fig. 1. *Oenothera Lamarckiana,* eine ganze Pflanze, aus dem Hauptstamm und den Achselzweigen der Wurzelblätter blühend.

vorgegangen. Die einzelnen Stösse oder Sprünge nannte man damals Mutationen, sie entsprachen in ihrer Grösse selbstverständlich den Unterschieden, wie sie die Systematik zwischen nächstverwandten Arten kennen lehrte.

Denn sehr wohl kannte man damals den formändernden Einfluss, den Verschiedenheiten in der Lebenslage auf die Organismen ausüben. Die Plasticität der Lebewesen konnte keinem aufmerksamen Beobachter entgehen. Aber mit ihnen verwechselte man die hypothetischen Mutationen nicht; sie stellten auf äussere Einflüsse nicht zurückführbare, bei einzelnen Individuen auftretende völlig vererbbare Modificationen dar.

Bekanntlich hat DARWIN beide Formen der Entstehung neuer Arten angenommen. Aber seine Anhänger haben immer mehr der langsamen Entstehung den Vorzug gegeben, und sich dadurch von den Gegnern der Descendenzlehre immer weiter entfernt. Und jetzt gilt diese Ansicht als die eigentliche Lehre DARWIN's, und gelten KÖLLIKER und VON BAER, NÄGELI und KERNER, VON WETTSTEIN, G. PFEFFER, KASSOWITZ, DELAGE und so viele Andere als ihre Bekämpfer.

Die Systematiker beharrten beim alten Dogma. Unterdessen tobte der Kampf in den Kreisen der Biologen weiter. Unmittelbare Beweise für die Entstehungsform der Arten konnte man allerdings nicht beibringen, und durch Versuche wagte man es kaum, an dieses hohe

Problem heranzutreten. Aber die vergleichenden Wissenschaften brachten täglich weitere Thatsachen an's Licht, welche mit der herrschenden Lehre in Widerspruch waren. Um diese zu retten, mussten ihre Anhänger immer neue Hülfshypothesen heranziehen. Aber ohne Erfolg; mit jedem Jahr nahm die Zahl der Anhänger der Lehre von den stossweisen Aenderungen zu.

Nach dieser Vorstellung hat jede Art ihren Anfang und ihr Ende. Sie verhält sich in Bezug auf ihr Leben wie ein Individuum; sie wird geboren, durchläuft eine kurze Jugend, steht im erwachsenen Alter ebenbürtig neben den älteren Arten, und geht, nach einem längeren oder kürzeren Dasein, schliesslich zu Grunde.

Wir können diesen Vergleich noch weiter ausmalen und betrachten dazu die Gruppen nächstverwandter Arten, welche sich uns überall im System der Pflanzen und Thiere darbieten. Eine sehr bekannte Gruppe bilden die Rosen, deren wildwachsende Arten, weit über hundert an der Zahl, so nahe verwandt sind, dass nur die besten Kenner sie alle unterscheiden können. Die Weiden und Brombeeren bieten weitere Beispiele, die Gentianen der Alpen, die Gattungen Plantago, Alchemilla, Quercus, Vitis, Cucurbita und viele andere sind überreich an scharf getrennten, aber nur durch wenige, untergeordnete Merkmale unterschiedenen Arten. So schwierig ist oft die Trennung, dass in der Gattung Hieracium von den beiden berühmten Monographen, NÄGELI und FRIES, jeder die Diagnosen des Andern oft nicht auf die eigenen Pflanzen anzuwenden vermochte.

Solche Gruppen bilden die sogenannten Nebelflecke der älteren Systematiker. Am häufigsten scheinen sie in der Entomologie vorzukommen, denn Jeder, der eine Insectensammlung auch nur flüchtig betrachtet, ist erstaunt über die zahllosen Arten von schwarzen Fliegen, von glänzenden Käfern und von buntfarbigen Schmetterlingen, welche, unter verschiedenen Namen geordnet, einander so ähnlich sind, dass der Laie eigentlich keine Unterschiede bemerkt.

STANDFUSS, dessen Experimente über Erblichkeit und Bastardirung im Gebiete der Schmetterlinge ein so klares Licht auf diese Fragen geworfen haben, bedient sich in solchen Fällen des bezeichnenden Ausdruckes „explosiv erfolgende Umgestaltungen". Jede artenreiche Gattung macht ihm den Eindruck einer Explosion. Es sieht aus, als ob eine ursprüngliche Art in Hunderte und Tausende von Stücken zersprengt wurde. Die einzelnen Stücke, soweit sie am Leben geblieben, sind die jetzigen Arten. Die Gattung selbst ist eigentlich nur die ursprüngliche Art, die Sammelart oder Grossart.

Und sind in manchen Gattungen die Unterschiede zwischen den einzelnen Arten zu gross, um in solcher

Weise mit einem Schlage entstanden zu sein, so giebt es dafür wiederum andere Gruppen, in denen der STANDFUSS-schen Auffassung wohl nichts im Wege steht. Ich meine jene Arten, welche sich ihren Unterabtheilungen gegenüber wie Gattungen verhalten, da sie, wie diese, durch die Vereinigung mehr oder weniger zahlreicher, gut unterschiedener Einzelformen aufgebaut sind. Solcher echten Sammelarten giebt es gar viele, sowohl unter den Thieren als unter den Pflanzen. Draba verna bildet das bekannteste Beispiel, die Selbständigkeit und Constanz ihrer 200 Unterarten ist durch die Untersuchungen von JORDAN, THURET, DE BARY, ROSEN und vielen andern Forschern über allen Zweifel gestellt. Viola tricolor, Helianthemum vulgare sind weitere Beispiele, und fast jede Familie unserer Flora enthält eine oder mehrere solcher vielgestaltigen Arten.

Ob die Unterarten in solchen Gruppen als Arten aufzuführen seien, ist eine für Systematik und Biologie höchst wichtige Frage, in der die Wage in den letzten Jahren immer mehr zu Gunsten der kleineren Arten überneigt. Die in der Natur wirklich bestehenden, von einander scharf, wenn auch durch geringfügige Merkmale unterschiedenen Formen, soll man als die Einheiten des Systems, und also als Arten betrachten; die Vereinigungen solcher sind aber ebenso künstliche Gruppen, wie die Gattungen und Familien. Statt der Bezeichnung

Sammelart, welche wegen ihres kritischen Klanges wohl nie allgemeine Verwendung finden wird, ist neuerlich von BELLI das Wort Stirps vorgeschlagen, für das man wohl am Besten das deutsche Wort Sippe wählen könnte. Allerdings nennt BRONN in seiner Uebersetzung von DARWIN's *Ursprung der Arten* die Gattungen Sippen, aber dennoch wäre es vielleicht durchführbar, die Sippen den Gattungen unterzuordnen und ihnen, als einer Zwischenstufe zwischen diesen und den Arten, im System einen wichtigen Platz einzuräumen.

Doch kehren wir zu unseren Explosionen zurück. Eine jede solche Gruppe, sei sie nun Gattung, oder Sippe oder Sammelart, verhält sich wie eine Familie in der menschlichen Gesellschaft. Ihre einzelnen Glieder, die Arten oder Unterarten, verhalten sich zu einander wie Geschwister. Allerdings sind einzelne Gruppen, wie die Draba verna, dazu vielleicht allzu reich an Kindern. Aber solche Fälle sind Ausnahmen, und Arten mit einigen wenigen Unterarten bilden weitaus die Mehrzahl.

Eine jede solche Familie bildet eine in sich geschlossene Gruppe von Individuen. Diese aber sind hier die Arten. Vom Stamme spreizen sie nach allen Richtungen aus. Bald sind die Abweichungen grösser, bald sind sie kleiner; bald liegen sie nach dieser Seite, bald nach jener. Wie in einem Stammbaume sind sie

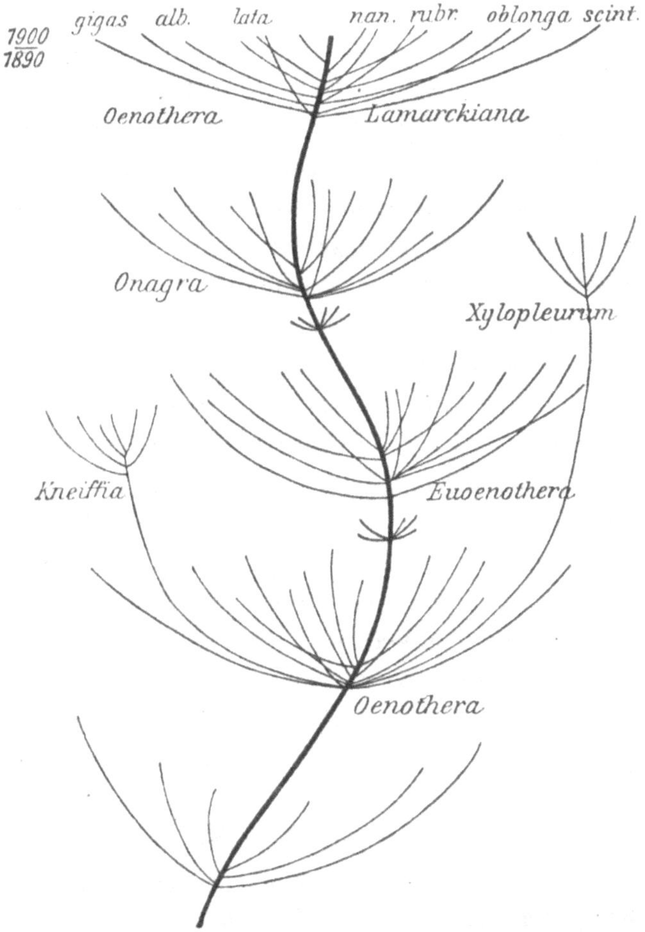

Fig. 2. Schematischer Stammbaum für die progressive Artbildung, ausgehend von *Oenothera Lamarckiana*. Die obere Gruppe ist eine reducirte Form der Fig. 6, und enthält dieselben neuen Arten. *Onagra* ist die Untergattung, zu der die *Oen.Lamarckiana* gehört. *Euoenothera*, *Kneiffia* und *Xylopleurum* sind andere Untergattungen von *Oenothera*. Die beiden eingeschalteten kleinen Gruppen von Seitenzweigen sollen die mehrfachen zwischenliegenden Mutationsperioden andeuten. Die Figur wäre nach unten in ähnlicher Weise weiter fortzusetzen.

unten mit den Eltern verbunden, und trennen sie sich immer weiter von einander.

Um diese Verhältnisse darzustellen, kann man die gewöhnliche Gestalt eines Stammbaumes wählen, oder auch die Form, in der unsere Figur 2 die Glieder einiger kleinen Gruppen zusammenfasst, und welche noch besser an das STANDFUSS'sche Bild einer Explosion erinnert. Je nach den einzelnen Fällen ist die Anzahl der Verzweigungen einer solchen Gruppe eine kleinere oder eine grössere. Jeder Zweig aber stellt eine Art oder Unterart dar, jeder hat seinen Anfang und sein Ende, jeder bildet eine in sich abgeschlossene Einheit. Auch im hohen Alter ist die einzelne Art genau dieselbe, welche sie in ihrer ersten Jugend war.

Dieses Princip vereinigt also in einfacher Weise den Satz von der Constanz der Arten mit der Theorie ihres gemeinschaftlichen Ursprunges. Die Arten verhalten sich zu der Urform ihrer Gattungen, wie Kinder zu ihren Eltern.

Jetzt wollen wir aber einen Schritt weitergehen, und von dem Bildniss der Familie zu demjenigen ihrer Ahnenreihe aufsteigen. Und mit einem kühnen Sprunge gelangen wir dann zu der Form eines Stammbaumes, wie unsere Figur 2 sie schematisch und in möglichst reducirten Zügen darstellt.

Denn für jede explosionsartige Gruppe gilt der

Satz, dass Viele gerufen sind, aber nur Wenige auserwählt werden. Die meisten Arten leben eine kürzere oder eine längere Zeit, ohne jemals, wenn ich so sagen darf, eine neue Familie zu begründen. Sie mögen Jahre oder Jahrhunderte oder Aeonen fortleben, die Spur von ihren Erdentagen wird schliesslich völlig untergehn. Andere aber sind glücklicher, nach einer oft langen Frist erwachen sie zu neuem Leben. Selbst alt geworden, und obwohl sich selber gleich geblieben, doch den sich stetig ändernden Lebensumständen nicht mehr genügend, explodiren sie plötzlich und geben zahlreichen neuen Formen das Leben.

Jugendfrisch nehmen diese den Platz neben ihren Eltern ein. Aber ungleich ausgestattet, sind die einen bevorzugt, die anderen im Nachtheil. Die ersteren vermehren sich, die letzteren bleiben zurück. Wohl mancher schwache Bruder bleibt nur wenige Jahre am Leben. Andere finden an geschützten Stellen die ihnen zusagenden Bedingungen und erhalten sich, so lange ihnen dieser Schutz gewährt wird. Nur die besten sind siegreich, überwinden alle Schwierigkeiten und erobern sich ein grosses Gebiet, auf dem sie sich, ohne sich zu verändern, von Jahr zu Jahr und von Jahrhundert zu Jahrhundert ausbreiten.

Aber je grösser das Gebiet, desto abwechselnder sind die Lebenslagen in den einzelnen Theilen, und früher oder später geräth eine solche siegreiche Art irgendwo unter Umstände, welche auch sie zu einer Explosion veranlassen. Dann fängt das frühere Spiel von Neuem an:

Das Alte stürzt, es ändert sich die Zeit;
Und neues Leben blüht aus den Ruinen.

Und so geht es immer weiter. Schritt für Schritt gelangen die auserwählten Arten in Umwandlungsperioden und bringen neue Formen hervor, von denen wiederum nur einzelne ihre Schwestern überleben. Diese Umwandlungs- oder Mututionsperioden sind es, in denen die neuen Arten entstehen. Sie müssen, nach geologischen Begriffen, wohl meist kurz gewesen sein und von einander durch lange Zeiträume getrennt, in denen die betreffenden Typen ohne irgend welche Veränderung, in völliger Constanz, und wie der Dichter sagt: „jeder seiner Würde froh", fortlebten.

Immutable Zeiten wechseln also mit kurzen Perioden von Mutationen. Und je nach der zufälligen Lebenslage, welche die letzteren herbeiführt, werden die neuen Formen mehr oder weniger zahlreich sein, mehr oder weniger stark divergiren, mehr rückwärts oder seitlich abschweifen, oder mehr im Sinne des Fortschrittes stattfinden.

So denken wir uns den Stammbaum des ganzen Pflanzen- und Thierreiches aufgebaut. Von unserem

Bilde aus könnten wir die Zeichnung nach demselben Schema bis zu den allerältesten Lebewesen fortsetzen. Im Bilde kommen wir von den Arten zu den Sammelarten (Oenothera Lamarckiana), von diesen zu den Untergattungen (Onagra und Euoenothera), von dort zu den Gattungen (Oenothera). Den älteren Explosionen entsprächen die Unterfamilien und Familien, und alle die höheren Abstufungen des Systems. Wäre das ganze System uns lückenlos bekannt, und hätte der Stammbaum die Form einer gewöhnlichen dichotomischen Bestimmungstabelle, so würde jeder Verzweigungspunkt für uns die Stelle einer Explosion bedeuten, von der aber nur die auserwählten, und nicht alle die entstandenen Seitenzweige in die Tabelle aufgenommen wären.

Ein Stammbaum, wie der hier gezeichnete, ist seinem innern Wesen nach nur eine hypothetische Vorstellung. Die einzelnen Explosionen haben in längst verflogenen Zeiten stattgefunden; es ist unmöglich, ihr Wesen durch die unmittelbare Beobachtung kennen zu lernen. Nur die vergleichenden und systematischen Studien gestatten uns, ein Bild zu entwerfen. Das lückenhafte Material giebt nur ein lückenhaftes Bild.

Ueber die feineren Züge des Vorganges wissen wir nichts, und werden wir wohl kaum je eine völlig befriedigende Kenntniss erhalten können.

Glücklicherweise giebt es eine Ausnahme, einen Angriffspunkt für die Forschung, von dem aus sie dann alles übrige beurtheilen und anordnen kann. Ich meine die allerjüngsten Artzertrümmerungen. Denn es liegt offenbar kein Grund vor für die Annahme, dass die Arten nur in geologischen Zeiten entstanden seien. Der Process der Artbildung muss ohne Zweifel auch jetzt noch fortdauern. Sind auch weitaus die meisten Arten jetzt völlig unveränderlich, die Vermuthung ist erlaubt, dass es unter ihnen, hier und dort, wenn auch vielleicht nur sehr selten, einzelne geben wird, welche sich gerade in einer solchen Umwandlungsperiode befinden.

In manchem Stamme, in mancher Gattung, und vielleicht in ganzen Familien mag es augenblicklich nur ruhende Arten geben. Dieses schliesst aber die Möglichkeit nicht aus, dass es in anderen Gruppen einzelne thätige, fortschreitende, sich Schritt für Schritt verändernde und sich in ganze Reihen neuer Typen auflösende Sorten giebt.

Gehen wir von solchen Ueberlegungen aus, so gelangen wir zu einer sehr wichtigen Folgerung. Denn es gilt jetzt den grossen Schritt zu thun, der von der Theorie zur Erfahrung hinüberleitet. Es wird die Aufgabe, eine oder mehrere Arten aufzufinden, welche augenblicklich nicht constant sind, welche sich gerade in einer Mutationsperiode befinden. Nur auf diesem Wege kann man die erforderliche Grundlage zum weiteren Ausbau der

Theorie gewinnen. Nur so kann man ihr überhaupt Sicherheit und Genauigkeit geben.

Die STANDFUSS'sche „explosiv erfolgende Umgestaltung" muss Beobachtungsthatsache werden. Und wenn sie solches auch nur in einem Falle ist, so ist das Princip bewiesen und das Schema für die weitere Ausmalung des Stammbaumes gewonnen.

Viele Pflanzen habe ich in dieser Richtung geprüft, doch nur Eine hat meinen Erwartungen entsprochen. Es war dies die Oenothera Lamarckiana, die grossblumige Nachtkerze, welche bei uns mit anderen Arten derselben Gattung aus Amerika eingeführt worden ist, und welche seit etwa einem Jahrhundert in verschiedenen Ländern Europas sich ganz langsam verbreitet. Betrachten wir sie etwas genauer (Fig. 1). Es ist eine stattliche Pflanze, mit einem gerade aufsteigenden Stamme, der fast Manneshöhe erreicht. Aus dem Wurzelhalse steigen im Kreise eine Anzahl von Nebenstengeln empor, oft selber verzweigt wie der Hauptstamm. Im Hochsommer trägt jeder Stengel und mancher Ast eine Krone von grossen gelben, leuchtenden Blumen (Fig. 3). Diese öffnen sich erst am Abend, gegen Sonnenuntergang, und zwar alle gleichzeitig, fast plötzlich. Wie mit einem Schlage überdecken sie das Feld mit einem goldenen Kleide. Von Ferne locken sie die Nachtfalter, welche bald die prachtvollen, wohlriechenden, an Honig reichen

Blumen umflattern. Namentlich die Eulen der beiden als Raupen so äusserst schädlichen Arten, der Gamma (Plusia Gamma) und der Erdraupen (Agrotis segetum u. a.) sieht man überall die Blumen besuchen. Auch Hummeln fehlen nicht; diese kommen aber mehr am nächsten Morgen und Tage. Bei warmem Wetter ist die Blütezeit auf die Abend- und Nachtstunden beschränkt; je kühler die Luft, um so länger sind die Blumen geöffnet, oft den ganzen nächsten Tag über.

Jede Blüte hat einen langen Griffel mit vier oder mehreren Narben, welche die acht Staubfäden eine Strecke überragen, und dementsprechend in der Regel nicht ohne die Hülfe der Insecten befruchtet werden. Ist die Blüte verwelkt, so fällt sie ab, und hinterlässt die junge Frucht, welche bald heranwächst und sich zu einer Kapsel entwickelt. Diese ist braun, öffnet sich mit vier Klappen, und enthält die kleinen, braunen, runzligen Samen. Jede Frucht umfasst über hundert Samen. Und da ein einziger Stengel meist 10—20, oft 30—40 Kapseln trägt, so sind Pflanzen mit über hundert Früchten und mit zehntausend Samen keine Seltenheit. Die Anforderungen für eine sehr rasche Vermehrung fehlen also nicht.

Diese schöne Nachtkerze besitzt nun die seltene Eigenschaft, jährlich eine gewisse Anzahl von neuen Arten hervorzubringen. Sie ist nicht starr und unabänderlich wie andere Pflanzen, sondern befindet sich offenbar in einer Umwandlungs- oder Mutationsperiode. Dass dieses von der ganzen Art in ihrem ganzen Verbreitungsbezirk gelten würde, behaupte ich natürlich nicht. Ich beobachtete die Umwandlungen zunächst nur an einem Fundorte unweit Amsterdam. Von dort aus habe ich dann die Pflanze in meinen Versuchsgarten überführt, und hier hat sie fortgefahren, alljährlich ihre Mutationen, und zwar in nicht unerheblicher Anzahl, zu zeigen. Doch möchte ich ausdrücklich hervorheben, dass die Versuche im Garten nur dazu dienen, den Vorgang des Mutirens bequemer und gründlicher zu studiren, dass sie aber nur dasjenige wiederholen, was auch im Freien stattfindet. Die Cultur ist nicht die Ursache der Mutationen, sondern nur ein Hülfsmittel bei ihrem Studium.

Neue Arten erzeugt die Oenothera Lamarckiana in einer stattlichen Menge. Mehrere unter ihnen aber sind schwach oder unfruchtbar, oder so selten, dass ihre weitere Cultur bis jetzt noch nicht gelungen ist. Ich beschränke mich deshalb auf die wichtigsten, und wähle als solche sieben Formen aus. Diese unterscheiden sich von der Mutterart nur in geringem Maasse. Nur eine genaue Betrachtung lehrt, dass etwas Neues entstanden ist. Einige, wie der Zwerg (O. nanella, Fig. 5) und die O. lata (Fig. 8) fallen bald dadurch auf, dass sie von niederer Gestalt sind, andere sind von einem feineren Baue und von schlankem Wuchs (O. scintillans und O. oblonga), einige sehr schwach (O. albida) und andere wiederum äusserst kräftig (O. gigas, Fig. 4, und O. rubrinervis).

Aber die Formen der Blätter sind deutlich verschieden, ebenso ihre Farbe und ihre Oberfläche. Dunkelgrün und glänzend sind sie bei der O. scintillans, blassgrün und runzlig bei der O. lata. Schmal und spitz bei der ersteren (Fig. 7), findet man sie rundlich und breit bei der letzteren Art (Fig. 8).

Ebenso unterscheiden sich die Früchte: in einem Falle denen der Mutterart gleich, sind sie bei anderen Abkömmlingen kürzer und dicker, bei wieder anderen dünner und schlanker.

Je genauer man zusieht, um so deutlicher prägen sich die verschiedenen Typen aus. Um so klarer wird es aber dabei, dass nicht ein Chaos neuer Gestalten oder eine lange Reihe sich ähnlicher und in einander allmählich übergehender Formen entstanden ist.

„Alle Gestalten sind ähnlich,
Doch keine gleichet der Andern.“

Jede dieser neuen Formen entstand aus einem Samen, welcher auf der Mutterart reifte, sei es im Freien, sei es im Versuchsgarten nach künstlicher Befruchtung mit dem eigenen Blüthenstaub.

Die neuen Formen verhalten sich zu einander, wie die oben erwähnten Arten von Fliegen und Schmetterlingen, von Rosen und Weiden, von Rubus und Hieracium und wie die Unterarten von Draba, Viola und zahlreichen anderen vielgestaltigen Sippen. Kleine, dem Laien oft unmerkliche Unterschiede trennen sie, aber sie trennen sie ebenso scharf wie die Grenzen zwischen manchen nächstverwandten, von den besten Systematikern als solche anerkannten Arten. Sie bilden eine förmliche Explosionsgruppe, mit allen Eigenthümlichkeiten, welche wir für solche Gruppen ausmalten.

Einmal aus der Mutterart hervorgetreten, sind die neuen Arten sofort constant. Es ist dazu keine Reihe von Generationen, kein Kampf um's Dasein, keine Elimination der untauglichen, keine Auslese erforderlich. Jedesmal, als eine neue Form in meinem Garten sich zeigte, habe ich sie, unter Ausschluss der Mithülfe der Insecten, künstlich mit ihrem eigenen Blüthenstaub befruchtet. Die Zwerge geben dann, unter vielen Tausenden von Nachkommen, ausschliesslich wiederum Zwerge (O. nanella, Fig. 5), die O. albida giebt nur O. albida, die O. rubrinervis nur diesem Typus entsprechende Individuen. Nur eine Ausnahme habe ich von dieser Regel zu erwähnen. Es ist dies die O. scintillans (Fig. 7), aus deren Samen nur zum Theil wiederum Scintillans-Pflanzen hervorgehen. Bei dieser aber ist diese Inconstanz eine ebenso unabänderliche Regel, als es die Constanz bei den übrigen ist.

Ich wähle als Beispiel die Oenothera gigas. Sie ist von derselben Höhe wie die Mutterart, aber der Stengel ist dicker, dichter beblättert, mit einer breiteren

Fig. 3. Lamarck's Nachtkerze (*Oenothera Lamarckiana*). Sprossgipfel beim Anfang der Blüthe.
a verwelkte Blume noch auf ihrem Tragblatt liegend.

Krone weitgeöffneter Blumen, und mit viel dickeren Knospen. Die Früchte erreichen nur die halbe Länge

Fig. 4. Riesen-Nachtkerze (*Oenothera gigas*), 1895 aus der *Oen. Lamarckiana* entsprungen. Blühender Sprossgipfel beim Anfang der Blüthe. Bei *a* ist ein Kronenblatt abgebrochen worden; *b* verwelkende Blume.

und enthalten somit weniger Samen; diese aber sind voller, rundlicher und schwerer als sonst.

Dieser neue Typus entstand in meiner Cultur im Jahre 1895 in einem einzigen Exemplare, und zwar ohne dass ich solches anfänglich bemerkte. Ich wünschte damals eine gewisse Anzahl von Pflanzen zu überwintern und wählte im Herbst ein Dutzend der grössten und schwersten Rosetten von Wurzelblättern, welche noch keinen Stengel getrieben hatten, aus. Erst als diese Pflanzen im nächsten Sommer blühten, beobachtete ich eine Differenz, aber deren Bedeutung wurde erst klar, als die Früchte zu reifen anfingen und in der erwähnten Weise von den normalen abwichen. Ich habe darauf die noch ungeöffneten Blüthenknospen in einen Beutel eingehüllt und sie eigenhändig mit ihrem eigenen Staub befruchtet, sobald sie sich öffneten. Ich erntete so von diesem Erstlinge einer neuen Art, von diesem Stammvater eines neuen Typus, die Samen in völliger Reinheit.

Die Aussaat fand im nächsten Frühjahr (1897) statt. Sobald das dritte und das vierte Blatt sich entfalteten, zeigte sich der Unterschied. Alle die jungen Pflänzchen waren anders als die der Mutterart, kräftiger und breiter beblättert, dunkler von Farbe. Sie waren mehrere Hundert an der Zahl, bildeten aber offenbar nur einen einzigen Typus. Und als im Lauf des Sommers sich erst die Stengel, dann die Blätter, Knospen und Blüthen und endlich die Früchte zeigten, war es über allen Zweifel erhoben, dass eine neue und constante Art aufgetreten war.

In einem einzigen Exemplare entstanden, war die O. gigas sofort samenbeständig und rein. Die Kinder wiederholten das Bild der Mutter, und so haben es seitdem die Grosskinder und die Urgrosskinder gemacht. Mit einem Sprunge aus der Mutterform hervorgegangen, stand die Art mit einem Male in ihrer Vollendung da. Es war kein Anfang, an welchem die natürliche Auslese noch zu reinigen und zu verbessern hätte, um eine brauchbare Form hervorzubringen. Es war eine Art wie andere Arten, ebenbürtig neben den älteren auftretend.

In dieser Weise sind auch meine übrigen Arten entstanden, plötzlich und ohne Uebergänge. Und so darf man sich hiernach vorstellen, dass Arten in der Natur im Allgemeinen auftreten, nicht allmählich, unter dem Einflusse der Aussenwelt sich dieser langsam anpassend, sondern mit einem Sprunge, unabhängig von der Umgebung. Die Arten sind keine willkürlichen Gruppen, zwischen welchen der Mensch zur besseren Uebersicht hier und dort Grenzen macht; sie sind scharf umschriebene, nach Zeit und Raum abgegrenzte, durchaus selbständige Wesen.

Es ist aber gar nicht erforderlich, dass jede Art nur in einem einzigen Individuum entstehe. Derselbe Sprung, dieselbe Mutation kann sich wiederholen, wenn

Fig. 5. Zwerg-Nachtkerze (*Oenothera nanella*). Eine ganze Pflanze mit Blüthen und fast ausgewachsenen Früchten, in $^1/_3$ der natürlichen Grösse.

nur die Ursache dazu vorhanden bleibt. Und so war es denn auch im Allgemeinen bei meinen Versuchen. Man hat nur dafür zu sorgen, dass die Culturen den nöthigen Umfang haben, dass sie nicht aus wenigen Hunderten, sondern aus mehreren Tausenden von Individuen bestehen. Wo solches der Fall ist, stellen sich bald zwei neue Regeln heraus. Denn einerseits findet man in derselben Aussaat ganz gewöhnlich mehrere Exemplare der O. lata, der O. nanella, der O. oblonga und oft auch der anderen neuen Typen. Andererseits aber treten in den aufeinander folgenden Jahren immer wieder dieselben Typen aus dem gemeinsamen Stamme zum Vorschein. Die Anzahl der neuen Arten ist keineswegs eine unbeschränkte; ganz im Gegentheil sind es deren nur wenige, welche alljährlich und in vielen Exemplaren auftreten. Neben den häufigeren kommen selbstverständlich auch seltenere vor, wie die O. gigas und einige andere.

Ein solcher Versuch, durch eine Reihe von Jahren fortgesetzt, giebt uns also das Bild einer einzigen Mutationsperiode. Verhält diese sich im Lauf der Jahrhunderte und der geologischen Zeiten nur wie ein kurzer Augenblick, im Verhältniss zu unserem Leben dauert sie ausreichend lange, um in allen ihren Zügen genau erforscht und an's Licht gebracht zu werden. Wir können somit, auf unseren Stammbaum (Fig. 2) zurückgreifend,

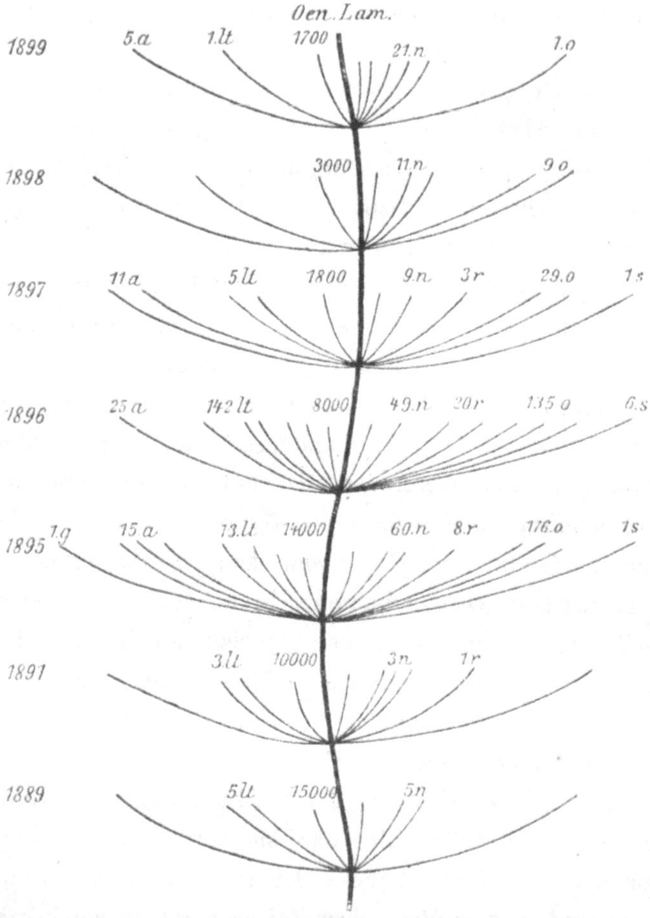

Fig. 6. Stammbaum von *Oenothera Lamarckiana*, die jährliche Entstehung neuer Arten im Versuchsgarten in den Jahren 1889—1899 darstellend. *g O. gigas, a O. albida, lt O. lata, n O. nanella, r O. rubrinervis, o O. oblonga, s O. scintillans.* Die den Buchstaben vorgesetzten Zahlen bedeuten die Anzahl von Exemplaren, in der die betreffende Art jedesmal auftrat. Die Zahlen an dem Hauptstamme geben den Umfang der Culturen an.

einen einzelnen Abschnitt auswählen, und diesen in grösserem Maassstabe weiter ausarbeiten. Wir behalten dabei dasselbe Princip für die Zeichnung und bekommen dann das Bild Fig. 6, welches also der oberen Gruppe der Figur 2 entspricht.

In diesem Bilde stellt der Hauptstamm die Mutterart dar. Jedes Jahr gehen aus ihm zahlreiche Zweige hervor. Nur solche, welche neuen Arten entsprechen, sind eingetragen, denn selbstverständlich bilden die neuen Typen nur einen ganz kleinen Theil, nur wenige Procente der ganzen Nachkommenschaft in jeder Generation. Aber es wäre überflüssig, auch die normalen Individuen als Seitenzweige des Stammbaumes vorzustellen. Ihre Zahl betrug jährlich weit über Tausend, bis 15000 ansteigend.

Nennen wir die Individuen, welche mit einer neuen Gestalt unmittelbar aus dem alten Typus hervorgehen, Mutanten, so sind in unserem Bilde nur solche Mutanten aufgenommen. Jeder von ihnen gründet einen neuen Stamm; die Nachkommen solcher Stammväter bilden die neuen Arten. Diese Nachkommen habe ich vielfach cultivirt, oft durch mehrere Generationen, in der Figur habe ich sie aber nicht angegeben, weil diese sonst zu complicirt geworden wäre.

In meinen Versuchen mutirt die alte Art nach allen Richtungen. Es ändern sich fast alle Organe und Eigenschaften, und zwar sowohl in fortschreitendem als in rückschreitendem Sinne. Und soweit meine Erfahrung reicht, sind die Umwandlungen in der freien Natur genau dieselben, wie in meinem Garten. Dort aber stehen sie im Gehölz und im Gedränge, auf trockenem Sandboden. Bei mir werden sie gut gedüngt, weit gepflanzt, und mit viel Sorgfalt behandelt. Das Mutiren ist somit von der Lebenslage unabhängig, wird wenigstens von dieser nicht in seiner Richtung bestimmt.

Offenbar sind nicht alle diese neuen Formen im Stande, im Kampf ums Dasein zu überleben. Die meisten werden früher oder später zu Grunde gehen, da sie schwächer oder weniger reichlich ausgestattet sind als die Mutterart. Einzelne, wie die O. rubrinervis und die O. gigas, scheinen aber der Lamarckiana wenigstens ebenbürtig, und vielleicht unter bestimmten Bedingungen überlegen zu sein. Möglicherweise gelingt es ihnen einmal, ihren Typus zum Siege und zur weiteren Verbreitung zu führen und so für die heimische Flora eine neue Art zu begründen. Versuche in dieser Richtung brauchen aber noch sehr viele Jahre, ehe sie zu einem festen Ergebniss führen können.

Der Kampf um's Dasein wird dann, nach dieser Ansicht, nicht walten zwischen Individuen, sondern zwischen den Arten selbst. Nicht die besten Individuen werden überleben, sondern die Typen, welche zufällig den herrschenden Umständen am besten angepasst sind. Vielleicht siegt die O. gigas, vielleicht die O. rubrinervis, vielleicht aber gestaltet sich die Lebenslage so, dass die kleine O. nanella oder irgend eine andere neue Form sich ihr am besten anschmiegt.

Jetzt aber wollen wir unseren speciellen Fall verlassen, und von den einzelnen Thatsachen wieder zu unseren allgemeineren Erörterungen zurückkehren. Und hier erhebt sich zunächst die Frage, ob die Beobachtungen an der Oenothera nun auch das Schema für jegliche andere Artbildung geben sollen. Dies aber ist weder meine Meinung, noch entspricht es meiner Erfahrung.

VON WETTSTEIN hat mehrfach betont, dass nichts der Annahme im Wege liegt, dass verschiedene Arten in verschiedener Weise entstanden seien. Auch in seinem Vortrage zu Aachen, in der letzten Versammlung dieser Gesellschaft gehalten, hat er dieses wichtige Princip ausführlich betont. Die ganze Systematik deutet darauf hin, dass es verschiedene Modalitäten der Artbildung gegeben haben muss, und wohl auch noch giebt. Hier unterscheiden wir zunächst die progressiven und die retrogressiven Verzweigungen des Stammbaumes.

Auf Progression, auf der fortwährenden Anhäufung neuer Eigenschaften beruht offenbar der Fortschritt in den Reihen der Lebewesen. Die ganze Differenzirung der höheren Organismen besteht ja wesentlich in dem Besitze zahlloser Eigenschaften, welche im Laufe der geologischen Zeiten allmählich entstanden sind. Soweit sie dem Organismus nützlich oder wenigstens unschädlich waren, sind sie seinen Nachkommen durch lange Zeiträume übertragen worden, während die schädlichen offenbar früher oder später verloren gegangen sein müssen.

Neben dieser fortschreitenden Metamorphose hat aber auch stets eine ruckschreitende stattgefunden. Ueberall findet man rudimentäre Organe und rudimentäre Eigenschaften. Ueberall findet man, in Gattungen und Familien einzelne Arten, denen gerade das typische Merkmal der Art oder der Familie abgeht. Hier wird wohl allgemein angenommen, dass solche Merkmale in den betreffenden Fällen verloren gegangen, oder doch wenigstens latent geworden sind. Phyllodien sind Blätter ohne Spreite, und zweifellos haben die Vorfahren phyllodientragender Arten früher einmal Spreiten gehabt. Sogar zu einfachen dünnen Ranken kann ein Blatt reducirt werden (Lathyrus Aphaca). Es wäre überflüssig, aus der langen Liste von Beispielen noch weitere auszuwählen.

Umgekehrt können latente, und anscheinend verloren gegangene Eigenschaften unter uns unbekannten

Bedingungen früher oder später wieder activ werden. Hier und dort im System der Monocotylen kommen Eigenschaften zum Vorschein, welche sich mehr oder weniger deutlich als atavistische ergeben, wie das Dickenwachsthum der Dracaenen, und die breiten Blätter der Dioscorea.

Offenbar spielen das Latentwerden und das Auftauchen latenter Eigenschaften in der Thier- und Pflanzenwelt eine äusserst wichtige Rolle. An dem grossen Formenreichthum der ganzen Natur haben sie gewiss einen sehr bedeutenden Antheil. Man braucht nur die Diagnosen der gewöhnlichen Familien und der grösseren Gattungen zu lesen, um überall, fast auf jedem Punkte, Ausnahmen erwähnt zu sehen, und diese Ausnahmen beruhen wohl meist auf dem Fehlen der sonst vorhandenen Merkmale, also auf Verlust oder Latenz.

Ganze grosse Abschnitte des Systems, ganze Zweige des Stammbaumes verdanken ihre Eigenthümlichkeiten solcher retrogressiven Metamorphose. Aber der Fortschritt des Ganzen beruht offenbar auf Progression, auf der zunehmenden Zahl der Eigenschaften.

Aus diesen Betrachtungen entsteht die Frage, ob die Progressionen und die Retrogressionen beide nach demselben Schema erfolgen? Offenbar braucht dies nicht der Fall zu sein, und soweit es möglich ist an der Hand der Erfahrung hier eine Entscheidung zu treffen, scheint es mir, dass im Allgemeinen die Progressionen nach dem Schema unserer explosiv erfolgenden Umgestaltungen, unserer Explosionen oder Mutationsperioden stattfinden. Die Rückschritte scheinen mehr vereinzelt vorzukommen. Vieles von dem, was man Varietäten zu nennen pflegt, beruht offenbar auf Retrogression, wie die weissen Varietäten blauer oder rother Zierblumen, die unbehaarten Pfirsiche, die stachellosen Stechäpfel, die Erdbeeren ohne Ausläufer u. s. w. Und gewiss findet die retrogressive Artbildung in zahllosen Fällen hier bessere Analogien, als wie in der oben beschriebenen Beobachtungsreihe.

Ich folgere also, dass der Fortschritt in der Lebewelt im Grossen und Ganzen ein stossweiser ist. Während Jahrtausenden bleibt alles in Ruhe. Die wildwachsenden Pflanzen unserer heimischen Flora sind jetzt nicht wesentlich andere, als sie zu den Zeiten der Germanen waren. Von Zeit zu Zeit aber versucht es die Natur, etwas Neues und Besseres zu schaffen. Nun ergreift sie jene, ein anderes Mal wieder eine andere Art. Es regt sich die schaffende Gewalt, und neue Formen entspringen auf einmal einem alten, bis dahin unveränderlichen Stamm. Aber die schöpferische Thätigkeit fügt sich nicht den gerade herrschenden Lebensumständen; sie schafft nur um Neues zu bilden, sie erhöht den Reichthum der Formen, überlässt es aber diesen selbst zu versuchen, sich in den Umständen zurecht zu finden. Der einen ist das Glück günstig, der andern nicht, und dieses entscheidet, was am Schlusse überleben wird, was also zur Fortsetzung des Stammbaumes wird auserlesen werden.

Für die retrogressive Metamorphose braucht es solcher Mutationsperioden offenbar nicht. Jedes Merkmal kann gelegentlich verloren gehen, jede latente Eigenschaft kann unter besseren Bedingungen wieder activ werden. Vielfach treten solche Aenderungen in bestimmten Gruppen von Eigenschaften gleichzeitig auf, vielfach aber verhalten sich die Merkmale dabei völlig unabhängig von einander. Und bei der Entstehung von Varietäten durch Verlust scheint diese Unabhängigkeit wohl die allgemeinste Regel zu sein.

Es wäre überflüssig, hier auf andere Typen der Artbildung einzugehen. Meist ist ihre Bedeutung für den Fortschritt des Ganzen nur eine untergeordnete. Solches gilt namentlich für die von KERNER und Anderen studirte Entstehung neuer Arten auf dem Wege der Kreuzung. Denn offenbar kann diese keine neuen Eigenschaften bilden, sondern nur den Formenreichthum durch weitere Combinationen der vorhandenen Merkmale vermehren.

Wir beschränken uns jetzt auf die fortschreitende Entwicklung, auf die allmähliche Vermehrung der Anzahl der Eigenschaften und Merkmale, welche den Fortschritt in der Organisation bedingen.

In unserm Beispiele der Oenothera Lamarckiana unterscheidet sich jede neue Art von der Mutterart durch eine einzige Eigenschaft. Aeussert sich diese auch in der ganzen Pflanze und in allen Organen, sie verhält sich in allen Culturen und Versuchen wie eine Einheit, welche sich thatsächlich nicht zerlegen lässt. Combinationen solcher Eigenschaften kommen zwar vor, sind aber selten. Und um unsere ferneren Betrachtungen möglichst klar und einfach zu gestalten, wollen wir diese bei Seite lassen. Wir gelangen dann zu der Vorstellung, dass in der Regel, in jeder Mutationsperiode, die Organisation um einen einzelnen Schritt weiter kommt.

So viele Schritte die Organisation vom Anfang an gemacht hat, so viele Mutationsperioden muss es also dabei gegeben haben.

Knüpfen wir zunächst an unser Bild Fig. 2 an. Es wäre die Aufgabe zu lösen, diese Zeichnung nach unten soweit wie möglich fortzusetzen. Offenbar würde man dabei das Schema nicht zu ändern brauchen. Denn von jeder jetzt lebenden Art kann man sich den Stammbaum bis zu den ältesten Vorfahren, den Urorganismen, als eine durchgehende Linie gezeichnet denken. Unten läuft diese vereint mit andern, welche sich allmählich von ihr abzweigen, wie solches auch in unserem Bilde der Fall ist. Aber den letzten Mutationsperioden, welche uns die Erfahrung und die engere Systematik der nächsten Verwandten unserer Oenothera kennen lehren, müssen andere, ebensolche Perioden vorangegangen sein. Eine ist bereits in dem Bilde aufgenommen, ihr folgen nach abwärts andere, viel zahlreichere, immer sich wiederholende, in fast unendlicher Zahl. Auf der ganzen Linie, bis an das unterste Ende gruppiren sich die Seitenzweige zu Kränzen, welche zwischen sich unverzweigte Strecken frei lassen.

Jeder Kranz ist eine Mutationsperiode, bei jeder denken wir uns, dass die Organisation um einen Schritt aufgestiegen ist. Und zwar in jedem besondern Fall in der speciellen Richtung, welche zu derjenigen Art führt, die wir als Gipfel für das Ganze gewählt haben. Also hier zu der Oenothera Lamarckiana. Freilich wird es Mutationsperioden gegeben haben, in denen mit einem Male zwei oder mehrere neue Eigenschaften zu den andern hinzugekommen sind. Diesen gegenüber werden zweifelsohne andere Perioden vorgekommen sein, in denen es der Stammpflanze nicht gelungen ist, etwas über sich hinaus zu schaffen, in denen also kein Fortschritt erzielt wurde. Im Durchschnitt aber nehmen wir bis auf Weiteres an, dass jeder Mutationsperiode ein einziger Schritt im Organisationsprocesse entspricht.

Wie viele solcher Schnitte hat es gebraucht, um zu

einer der jetzt lebenden Arten zu gelangen? Offenbar ebenso vieler, als die Art jetzt Eigenschaften besitzt, wenn man unter Eigenschaften nicht einfach die äusserlich sichtbaren Merkmale versteht, sondern die Einheiten, aus denen alle morphologischen und physiologischen Lebensäusserungen aufgebaut sind.

Versuchen wir es also, in das Wesen dieser Eigenschaften etwas tiefer einzudringen.

Wie unendlich ist die Verschiedenheit in der organischen Natur! Welche unabsehbare Reihe von Gattungen, Arten und Unterarten entrollt sich unserm Blicke! Nur die Zahl der jetzt lebenden Blütenpflanzen erreicht gewiss weit über eine Million. Und wieviele Male zahlreicher müssen die Arten gewesen sein, welche in den verschiedenen Familien und Gattungen in geologischen Zeiten gelebt haben! Die fossilen Ueberreste lehren uns immer weitere und weitere Formen kennen, und ganz offenbar umfassen sie nur einen sehr kleinen Bruchtheil von allem dem, was einst auf Erden gelebt hat.

Würde jede einzelne Art auch nur ein einziges für sie charakteristisches, aber ihr ausschliesslich zukommendes Merkmal besitzen, wie viele Millionen und vielleicht Milliarden solcher Merkmale müsste es dann wohl in der ganzen lebenden und ausgestorbenen Welt geben und gegeben haben!

Glücklicherweise lässt diese Vorstellung sofort eine

ganz bedeutende Einschränkung zu. Und zwar auf zwei wichtigen, wesentlich verschiedenen Punkten. Denn erstens handelt es sich bei unserer Aufgabe nicht um die Frage, wie gross die Summe der Eigenschaften aller Organismen ist, sondern nur darum, wie viele solcher Eigenschaften in einer einzigen Art vereinigt sein können. Hier bekommt man somit eine Zahl von weit niederer Ordnung. In zweiter Linie ist es gar nicht erforderlich, dass jede Art eine Eigenschaft besitzen würde, welche bei keiner andern wiederkehrte. Ganz im Gegentheil findet man dieselben Farben der Blüten, dieselben Formen der Blätter immer und immer wieder vor. Rankentragende Gewächse und Schlingpflanzen, trockene und fleischige Früchte, zerstreute und kreuzweise Blattstellungen, Aehren, Schirme, Blütenköpfchen u. s. w. kommen in den verschiedensten Gruppen des Systems und zu wiederholten Malen vor. Und Aehnliches gilt von zahllosen Eigenschaften. Die Unterschiede zwischen den Arten beruhen im Allgemeinen mehr auf verschiedenen Combinationen einer verhältnissmässig kleinen Zahl von Merkmalen, als auf der Erwerbung besonderer, jeder einzelnen Art eigenthümlicher Eigenschaften.

Denn ein einziges neues Merkmal, das man auf eine Gruppe von Formen würde übertragen können, wäre offenbar im Stande, die Zahl dieser Formen zu verdoppeln. Solches kommt ja oft im Gartenbau vor, wo die

Einführung eines neuen Typus die Veranlassung giebt, die Reihe der Varietäten in der betreffenden Rasse ganz bedeutend zu erhöhen, ja bisweilen fast auf das Doppelte hinaufzubringen. Als Beispiel nenne ich eine der neuesten und schönsten Errungenschaften in der Gattung der Georginen. Vor einigen Jahrzehnten wurde durch einen Zufall die erste Cactus-Dahlia mit ihren rückwärts eingerollten Zungenblüten entdeckt. Sofort hat man diese mit allen verfügbaren anderen Sorten dieser formenreichen Culturpflanze gekreuzt und jetzt hat man gefüllte und einfache, hohe und niedrige Cactus-Georginen in allen Farbennüancen und sonstigen Verschiedenheiten. Ebenso ist es mit dem gefüllten Flieder gegangen. Als LEMOINE diesen in den Handel brachte, hatte er aus einer zufällig käuflich erworbenen, gefüllten Sorte durch Kreuzung mit allen übrigen eine stattliche Reihe neuer Varietäten erhalten. So viele alte Sorten er dazu verwenden, konnte, so viele neue bot er nach und nach seinen Kunden an.

Im Grossen und in der freien Natur findet dieser Process selbstverständlich nicht durch Kreuzung statt, sondern durch das gelegentliche Entstehen von Varietäten. Diese, meist durch Verlust oder Latenz einer früher vorhandenen Eigenschaft entstanden, wiederholen sich im System fast ebenso oft, als die betreffende Eigenschaft selbst vorkommt.

In dieser Weise betrachtet, reducirt sich ohne Zweifel die Anzahl der Eigenschaften, welche in einer einzigen, selbst hoch organisirten Art zusammen vorkommen können, von Millionen auf Tausende. In demselben Maasse erhöht sich dadurch die Aussicht, einmal eine vollständige Analyse irgend einer Art durchführen zu können. Augenblicklich sind wir aber noch sehr weit davon entfernt. Versucht man es für irgend eine Art eine solche Analyse aufzustellen, so ist es ein Leichtes, eine Liste von mehreren Hunderten von ganz gewiss von einander unabhängigen Eigenschaften auszuarbeiten. Aber die Schwierigkeiten werden immer grösser, überall tritt uns schliesslich unsere sehr mangelhafte Kenntniss hindernd in den Weg. Und zwar ist es nicht die Kenntniss der Einzelheiten, welche fehlt. Ausführliche morphologische und anatomische Monographien von einzelnen Arten liegen vor, ein ausgedehntes Material von Thatsachen harrt der Bearbeitung. Aber es fehlt das Princip,

Dich im Unendlichen zu finden,
Musst' unterscheiden und dann verbinden.

Das Unterscheiden ist gelungen, wie aber die zahllosen Einzelheiten zu verbinden sind, das ist meist noch eine offene Frage.

Hier weisen uns die Erfahrungen, welche uns die

oben beschriebene Mutationsperiode der Oenothera Lamarckiana an die Hand giebt, den Weg. Und dieser Weg führt zu einer weiteren sehr wesentlichen Einschränkung der Zahl der Eigenschaftseinheiten oder elementaren Eigenschaften, welche wir uns als in einer

Fig. 7. *Oenothera scintillans*, eine neue Art. Eine Rosette von Wurzelblättern im Juni.

einzigen Pflanzenart verbunden zu denken haben. Denn es scheint ganz sicher, dass jede der dort entstandenen neuen Arten nur durch eine einzige Mutation aus der Mutterform hervorgegangen ist. O. lata und O. nanella sind in weit über hundert, O. oblonga in mehr als dreihundert Exemplaren stossweise entstanden; ihre Merkmale verhielten sich dabei stets als untrennbar. Wären sie nur in zufälliger Weise verbunden ge-

Fig. 8. *Oenothera lata*, eine neue Art. Eine Rosette von Wurzelblättern im Juni

wesen, so könnte derselbe Zufall wohl nicht so regelmässig und ausnahmslos wiederkehren. Ganz offenbar verbindet sie ein inneres Band, beruhen sie auf einer gemeinschaftlichen Ursache, sind sie Aeusserungen einer einzigen innern Umwandlung, einer einzigen neuen elementaren Eigenschaft.

Und wie verschieden gestalten sich diese Aeusserungen! Nehmen wir als Beispiel die O. lata. Sie fällt sofort durch geringere Höhe und durch den schlafferen Stengel auf, hat breitere, mehr runzlige Blätter mit abgerundeter Spitze, viel dickere Blüthenknospen und kleinere Früchte, bildet in Staubbeuteln mit eigenthümlich wucherndem Wandgewebe nur tauben Blüthenstaub aus und hat endlich fast stets mehr oder weniger verwachsene Narben. So verschiedenartig diese Merkmale auch sind, und so unmöglich es vorläufig erscheinen mag, sie auf eine gemeinsame Ursache zurückzuführen, so sind sie dennoch stets unzertrennlich verbunden. Ganz gewiss bilden die lata-Merkmale nur eine einzige Eigenschaft, welche durch eine einfache Mutation aus der Mutterart hervorgeht.

Jede elementare Eigenschaft kann sich somit, in ihrer Verbindung mit den übrigen, in den verschiedensten Organen einer Pflanze und in anscheinend ganz selbständigen Veränderungen äussern. Eine ganze Gruppe von Merkmalen kann die Folge eines einzelnen Schrittes im Entwickelungsgange der Arten sein. Es kann ein Schlag tausend Verbindungen weben. Umgekehrt aber müssen wir annehmen, dass zur Erklärung des ganzen

Formenreichthums einer Pflanze eine weit geringere Anzahl principieller Einheiten erforderlich ist, als die Liste ihrer Merkmale Nummern umfasst.

Wir folgern also, dass einige wenige Tausende von Einheiten wohl zur Erklärung auch der complicirtesten Organisation ausreichen werden. Könnten wir dieser Einheiten nur erst habhaft werden!

Je niedriger die Organisationsverhältnisse, um so weniger zahlreich werden die Einheiten sein, welche sie aufbauen. Um so geringer wird somit auch, um zu unserm Bilde (Fig. 2) zurückzukehren, die Anzahl der vorangegangenen Mutationsperioden gewesen sein. Bei niederen Thieren und Pflanzen ist anzunehmen, dass die Formen sich durch lange geologische Zeiten unverändert erhalten haben, und dass nur ganz ausnahmsweise Umwandlungsperioden eingetreten sind. Umgekehrt giebt es Fälle, in denen offenbar in geologisch kurzer Zeit die Umwandlungen sehr rasch aufeinander gefolgt sein müssen, um den grossen Fortschritt zu erreichen, der gewisse hochbevorzugte Formen von ihren nächsten Verwandten trennt. Wohl allgemein wird angenommen, dass der Fortschritt von den höheren Affen zum Menschen ein ausnahmsweise rascher gewesen ist, und dass der Pithecanthropus erectus nur eine einzelne Stufe aus einer langen Reihe von Umwandlungen ist, welche, örtlich und zeitlich sehr beschränkt, die Geburt des ersten Menschen vorbereiteten.

Der Fortschritt bildet auf dieser Erde das einzige sichere Mittel zur Selbsterhaltung. So ist es in der menschlichen Gesellschaft, so war es auch in den geologischen Zeiten. Nur in seltenen Fällen, nur durch eine Reihe glücklicher Zufälle beharrt die constante Form. Was sich den stets wechselnden Umständen nicht anpassen kann, ist fast immer dem Untergange gewidmet. Ueberall lehrt uns dieses die Geologie. Vor Kurzem theilte ROZA mit, wie die stetigen Veränderungen der Lebewelt in den aufeinander folgenden geologischen Schichten uns lehren, dass eine fortwährende und umfangreiche Fähigkeit zur Umwandlung eine der wichtigsten Bedingungen für die fortdauernde Existenz der grösseren Gruppen durch eine Reihe von Schichten bildet. Ein langes Leben ist stets mit einem grossen Formenreichthum verbunden, und die Fälle, in denen einzelne Typen durch alle Zeiten den Kampf um's Dasein bestehen, ohne sich zu verändern, wie einige Diatomeen, sind als hohe Ausnahmen zu betrachten.

Einer der wichtigsten Einwände, der zugleich zu den ersten gehört, welche zu DARWIN's Zeiten gegen die Descendenzlehre erhoben wurden, ist der Dauer des Lebens auf der Erde entnommen. Wie unendlich lang müsste die Erde schon Lebewesen getragen haben, wenn diese sich in der von DARWIN geforderten stetigen Reihenfolge und mit der Langsamkeit des gewöhnlichen Ausleseprocesses entwickelt haben sollten. Die Arten sieht man sich nicht verändern. Sorten, welche seit Jahrhunderten und vielleicht seit einem Jahrtausend oder mehr an getrennten Fundorten wachsen, sind dennoch nicht merklich verschieden, und haben sich somit seit dem Augenblick der Trennung auch wohl nicht verändert. Sollte es von Anfang an so langsam gegangen sein, es würden keine Millionen, keine Milliarden von Jahrhunderten ausreichen, um die Entstehung der höchstorganisirten Wesen zu erklären. Es ist dieser Einwand so vielfach ausgemalt worden und jedem so geläufig, dass es überflüssig wäre, hier darauf ausführlicher einzugehen.

Aber er verliert seine ganze Bedeutung, wenn unsere Vorstellung von gelegentlichen stossweisen Umwandlungen der Arten richtig ist. Soeben suchte ich zu zeigen, dass die Annahme von einigen wenigen Tausenden von Eigenschaften für die Erklärung der Organisation der höheren Pflanzen eine eher zu hoch als zu niedrig gegriffene Zahl ist. Und wenn jeder neuen Eigenschaft eine Mutationsperiode entspricht, so braucht es also im Stammbaum der höchsten Pflanzen, in der geraden Linie von dem Urwesen bis zu einer bestimmten phanerogamen Art, gleichfalls nur weniger Tausende von solchen Perioden.

Es fragt sich dann nur noch, wie rasch diese Perioden aufeinander folgen können. Waren die Zeitintervalle, welche sie trennten, lange oder kurze? Blieben die einzelnen Arten viele oder nur einige Jahrhunderte unverändert, bevor sie sich zu spalten anfingen, und neuen Formen das Leben verliehen? Offenbar müssen beide Extreme vorgekommen sein. Im System wird es hier eine rasche, dort eine langsame, meist aber wohl eine mittlere Geschwindigkeit gegeben haben. Je höher die Organisation in der Jetztzeit ist, um so rascher muss selbstverständlich der Fortschritt gewesen sein.

Im Pflanzenreich ist die Organisationshöhe aber für den grössten Theil der Blüthenpflanzen nicht wesentlich verschieden. Nimmt man die Gymnospermen aus, so ist die Frage, ob die Monocotylen oder die Dicotylen höher organisirt sind, eine völlig offene. Nur behufs conventioneller Zwecke pflegt man sie zu Gunsten der letzteren zu entscheiden. Aber jedenfalls stammen die Monocotylen von den Dicotylen ab, und hat der Stammbaum somit, um zu den ersteren zu gelangen, eine grössere Zahl von Umwandlungsperioden durchlaufen müssen, als bis zu den letzteren. Und wem wäre es möglich, den zwingenden Beweis zu führen, dass die prachtvollen, hochdifferenzirten und den überaus vielseitigen und feinen Anforderungen des Insectenbesuches so durchaus angepassten Orchideen eine niedrigere Organisation besässen als die höchsten Dicotylen?

Im Reiche der Blüthenpflanzen, speciell der Angiospermen finden wir somit nicht einen ganz auffälligen Fortschritt in einer bestimmten Richtung, sondern nur ein Streben nach dem grösstmöglichen Formenreichthum. Oder mit anderen Worten, diese Blüthenpflanzen stehen, im Grossen und Ganzen genommen, auf nahezu derselben Höhe der Organisation. Die eine mag etwas mehr, die andere etwas weniger Eigenschaften als Grundlage dieser Organisation aufzuweisen haben, gegenüber der ganzen Zahl sind diese Differenzen aber unerheblich. Einstweilen können wir sie somit vernachlässigen, ja so lange unsere Kenntniss der Hauptzahl noch eine ganz vage ist, ist es wohl selbstverständlich, dass auf diese Differenzen nicht Acht gegeben zu werden braucht.

Jetzt spitzt sich unsere Frage in dieser Weise zu: Wie viele elementare Eigenschaften besitzt im Mittel eine angiosperme Pflanze? Die Antwort enthält zwei Theile. Dies ergiebt sich sofort, wenn man sich in Gedanken den Stammbaum des Pflanzenreichs vorstellt. Denn bis zum Anfang der ganzen Gruppe ist dieser selbstverständlich derselbe für die sämmtlichen Arten, von dort aus spaltet er sich aber in immer weitere und zahlreichere Aeste. Und es fällt sofort auf, dass weitaus der grösste Theil der Eigenschaften aller Phanerogamen gemeinschaftlich sind, denn nahezu der ganze vegetative Aufbau ist im Pflanzenreich für die sämmtlichen Gefässpflanzen, in den Hauptzügen derselbe. Bau und Anordnung der Gefässbündel, das secundäre Dickenwachsthum, die Oberhaut mit den Spaltöffnungen, der innere Bau des Stammes und der Blätter, die Differenzirung der Wurzeln sowie die Form der Verzweigung des Stammes, das Alles finden wir im Wesentlichen bei den Gefässkryptogamen bereits so, wie jetzt auch die höchsten Phanerogamen es noch besitzen. Allerdings mit zahllosen Abwechslungen auf dem Thema, bisweilen unter Verlust oder Latenz ganzer Gruppen von Charakteren, aber immerhin ohne wesentlichen Fortschritt in einer bestimmten Richtung. Nur die unendliche Mannigfaltigkeit der Blüthen scheint den phanerogamen Pflanzen vorbehalten zu sein.

Wir theilen den Stammbaum der höheren Pflanzen also in den Abschnitt der vegetativen Entwickelung und in denjenigen der Ausbildung der Blüthen ein. Offenbar umfasst ersterer weitaus den grössten, letzterer nur einen verhältnissmässig kleinen Theil. Oder, um wieder an unser Bild (Fig. 2) anzuknüpfen, es sind viel zahlreichere Mutationsperioden erforderlich gewesen, um von den niedrigsten Algen zu den Coniferen und Cycadeen hinaufzusteigen, als um von diesen zu den höchsten Blüthenpflanzen zu gelangen.

Aber die Coniferen und Cycadeen erscheinen in der Reihenfolge der geologischen Schichten erst etwa um die Mitte der ganzen Dauer des Lebens auf der Erde, der ganzen biologischen Zeit. Die Gesammtdicke der Schichten, welche vor der Steinkohlenzeit abgesetzt wurden, ist nur wenig grösser, als diejenige der Schichten dieser und aller späteren Perioden. In der ersten Hälfte der biologischen Zeit muss die Entwickelung also rascher vorangegangen sein, als in der zweiten, und zwar allem Anscheine nach einige Male rascher.

Zu derselben Folgerung führt uns eine Betrachtung des Thierreiches. Denn die ältesten Spuren der Wirbelthiere findet man im Devon, also noch etwas früher als die Coniferen. Die ganze Entwickelung von den Urformen zu den Wirbelthieren hat also jedenfalls nicht mehr Zeit beansprucht, als die spätere Entwickelung und Fortbildung innerhalb dieser Hauptgruppe.

Es muss somit zu Anfang die Entwickelung der Lebewelt eine raschere gewesen sein als jetzt. Die einzelnen Mutationsperioden müssen in kürzeren Fristen aufeinander gefolgt sein. Die zwischenliegenden Ruheperioden, die Lebensdauer der einzelnen constanten

Arten müssen damals bedeutend kleiner gewesen sein. Die kleinen Explosionen unseres Stammbaumes waren häufiger, alles wob und trieb, während uns jetzt die Natur zu ruhen scheint.

Es liegt auf der Hand, dass diese Abnahme der Geschwindigkeit im Evolutionsprocesse nicht eine plötzliche, sondern eine ganz allmähliche gewesen sein wird.

Im Anfang war die That,

damals ging es kräftig und rasch voran, das Leben schwang sich in immer neue Bahnen hinauf. Nach und nach aber erschlaffte der Fortschritt im Lauf der geologischen Geschichte; mit dem Auftreten des Menschen scheint das Ziel erreicht, nun geht alles so träge, dass es uns vorkommt, als ob der Fortschritt beendet wäre. Nur seine letzten Züge glauben wir noch mit zu machen.

Die physikalische Geologie weist uns für diese allmähliche Verlangsamung zwei Gründe auf. Im Anfang der biologischen Zeit war die Oberfläche der Erde wärmer, und schien die Sonne heller. Seitdem die Erdkruste fest geworden war, die Oceane sich gebildet hatten, und das Leben sich zu regen anfing, hängt die Temperatur der Oberfläche fast nur noch von der Sonne ab. Die innere Erdwärme betheiligt sich daran nur in unbedeutender Weise. Nach zehn Jahrtausenden kann die Erdwärme die Temperatur der Erdoberfläche nach

Lord Kelvin's Berechnungen nicht mehr um einen ganzen Grad erhöht haben. Seitdem hängt diese Temperatur also fast nur von der Strahlung der Sonne ab.

Aber die Sonne war damals wärmer als jetzt, wo sie sich allmählich abkühlt. Sie erwärmte somit die Erde auch kräftiger und gab ihr ein helleres Licht. Man hat berechnet, dass am Anfang der Steinkohlenperiode, also um die Mitte der biologischen Zeit, die Energie der Sonne etwa $2^1/_2$ Mal grösser war als jetzt.

Tropische Wälder bedeckten damals die Länder und Inseln auf unserer Breite. Und wie viel kräftiger muss noch das Leben gar am Anfang gewesen sein. Was jetzt Jahrhunderte zu seiner Ausbildung braucht, konnte damals gewiss in ebensoviel Jahren erzielt werden.

Ich muss davon absehen, auf dieses urkräftige Leben der ältesten Zeiten weiter einzugehen, sowie die stetige, nur ab und zu von kräftigeren Zuckungen unterbrochene Abnahme der Lebensenergie zu schildern.

Wir müssen uns mit mittleren Verhältnissen begnügen, und das Obige hat ja nur den Zweck, uns darüber klar zu werden, in welcher Weise die Grössen abgewechselt haben, deren Mittel wir studiren wollen.

Wir kehren somit zu unserem Ausgangspunkte zurück und fragen, wie viele Mutationsperioden haben die Vorfahren einer gewöhnlichen Blüthenpflanze vom Anfang an vermuthlich durchlaufen?

Um diese Frage zu beantworten, stellen wir zunächst eine einfache Beziehung auf. Kennt man die ganze Zeit dieses Evolutionsprocesses, und kennt man die mittlere Dauer des Zeitintervalles zwischen zwei aufeinander folgenden Mutationsperioden, so ist die Anzahl der letzteren offenbar gleich dem Quotienten der beiden ersteren Werthe zu stellen. Wir wollen des kürzeren Ausdruckes halber jene Zeitintervalle zwischen den Umwandlungsperioden die mittlere Lebensdauer einer Art nennen und haben dabei nur diejenigen Arten im Auge, welche sich am Aufbau des Stammbaumes wesentlich betheiligt haben, indem sie am Ende zu einer neuen Mutationsperiode führten. Denn Arten ohne Nachkommen müssen von dieser Betrachtung selbstverständlich ausgeschlossen bleiben. Die Lebensdauer einer solchen Art ist somit der Zeitabschnitt zwischen zwei Umwandlungsperioden, wie übrigens ein Blick auf unsere Figur 2 sofort lehrt.

Multiplicirt man nun im Stammbaum irgend einer gegebenen jetzt lebenden Art die mittlere Lebensdauer ihrer sämmtlichen Vorfahren mit deren Anzahl, so ist das Product offenbar der Dauer der ganzen biologischen Zeit gleich.

Die Anzahl der Vorfahren ist aber im Grossen und Ganzen der Zahl der Mutationsperioden gleichzustellen, wie wir oben bereits erörtert haben. Wir haben also die folgende Gleichung:

$$M \times L = B Z$$

oder die Anzahl der Mutationsperioden auf einer gegebenen Stammbaumlinie, multiplicirt mit der mittleren Dauer ihrer Intervalle, ist der ganzen biologischen Zeit gleichzustellen.

Diesen Satz könnte man kurzweg die biochronische Gleichung nennen. Er theilt das Leben nach Zeiteinheiten und die Zeit nach Lebenseinheiten ein.

Leider ist es eine Gleichung aus drei unbekannten Grössen. Aber jede von ihnen lässt sich in annähernder und wenigstens vorläufig befriedigender Weise berechnen.

Für die biologische Zeit ist solches allgemein bekannt. Mehrere der berühmtesten Physiker und Geologen haben solche Berechnungen angestellt. Man nimmt an, dass die Abtrennung des Mondes, nach geologischen Zeiten gerechnet, ein wenig früher stattgefunden hat, als die erste Erstarrung der Kruste, und dass dieser die Condensation der Wasserdünste zu Oceanen, die Entstehung des Festlandes und der Flüsse verhältnissmässig bald gefolgt sind. GEORGE DARWIN hat die Zeit berechnet, welche seit der Entstehung des Mondes verflossen sein muss und findet dafür wenigstens 56 Millionen Jahre. Aus der Zunahme der Temperatur der Erdkruste in tiefen Schachten und namentlich aus den neueren Ermittelungen dieser Zunahme in Nord-Amerika und in Böhmen, berechnet man das Alter der Erdkruste auf etwa 40 Millionen Jahre. Das Alter der Oceane folgerte JOLLY aus ihrem Gehalt an Kochsalz und aus der jährlichen Zunahme dieses Gehaltes durch die Zufuhr von Salz durch die Flüsse. Er fand dabei, dass die Oceane höchstens 90 Millionen Jahre alt sein können. DUBOIS stellte eine ähnliche Berechnung an, ausgehend von den Wandlungen des Kalkes und der Magnesia, welche von den Flüssen in das Meer geführt und dort, vorwiegend durch die Lebensthätigkeit der Thiere, abgesetzt werden. Er fand für die ältesten derartigen Sedimente ein Alter von 36 Millionen Jahren.

Mit diesen Erfahrungen stimmt auch das bekannte von HELMHOLTZ und THOMSON erhaltene Ergebniss überein, nach welchem die Sonne während etwa 20 Millionen Jahren mit ungefähr derselben Energie geschienen haben kann wie jetzt. Diese Hauptbedingung des Lebens hat also etwa ebenso lange gewährt, wie die übrigen erwähnten Bedingungen.

Diese Berechnungen sind selbstverständlich vielseitiger Kritik ausgesetzt. Aber sie führen auf so verschiedenen Wegen zu einem so übereinstimmenden Resultat, dass man dieses wohl als ausreichend gesichert betrachten darf. Und LORD KELVIN, der vor wenigen Jahren (1897) die einschlägigen Daten kritisch zusammengestellt hat, gelangt zu dem Endschlusse, dass man, vorläufig und mit aller Reserve, die Dauer des Lebens auf der Erde auf 24 Millionen Jahre stellen darf.

Wir nehmen somit diese Zahl für unsere biochronische Gleichung an. Und da wir gesehen haben, dass die Anzahl der elementaren Eigenschaften einer höheren Pflanze mit grosser Wahrscheinlichkeit einige wenige Tausende beträgt, so ergiebt sich, dass auch die Zeitintervalle zwischen zwei Mutationsperioden im Mittel einige Tausende von Jahren gewährt haben müssen.

Directe Daten zur Ermittelung dieses Werthes haben wir nur sehr wenige. Am besten geeignet für eine vorläufige, wenn auch noch sehr grobe Schätzung scheinen mir die Pflanzentheile, welche in den ägyptischen Gräbern in den Pyramiden neben den Mumien und in andern Denkmälern aus derselben Periode erhalten sind. Blumen, Blätter und Früchte, Getreide,

Stroh und die Unkräuter der Aecker sind im besten Zustande erhalten, sogar die Blüthenfarbe scheint unverändert. Die morphologischen Merkmale und die anatomische Structur können bis in's kleinste Detail mit den jetzt lebenden Arten verglichen werden. Und es ergiebt sich völlige Uebereinstimmung. Sehr zahlreiche Arten jener Gegend sind somit zweifelsohne seit dem Baue der Pyramiden, also während etwa 4000 Jahren, unverändert geblieben.

Es mag willkürlich scheinen, auf diese Zahl ein grosses Gewicht zu legen. Aber mehrfache andere Erwägungen führen zu ähnlichen Schätzungen. Die Ueberbleibsel der Pfahlbauten, die Abbildungen auf römischen Münzen u. s. w. sind zu bekannt, um sie hier ausführlich zu erwähnen. Andererseits aber führt die Seltenheit mutirender Pflanzen im Vergleich zu immutablen, oder auch die geringe Anzahl der artenreichen, explosionsartigen Gattungen und anderen Gruppen im Verhältniss zu den gewöhnlichen Typen der europäischen Floren, auf ganz anderen Gründen zu Ermittelungen, welche die obige Schätzung nur stützen können.

Ohne auf diese und ähnliche Erwägungen einzugehen und in Rücksicht auf den Umstand, dass die Intervalle zwischen den Mutationsperioden früher sicher viel kürzer waren als jetzt, wollen wir die angeführte Zahl als eine erste Annäherung festhalten und feststellen, dass die Zeitintervalle zwischen den Mutationsperioden im Mittel mindestens 4000 Jahre betragen haben werden, und dass somit die Anzahl der bis zur Ausbildung einer jetzt lebenden phanerogamen Pflanze durchlaufenen Mutationsperioden höchstens auf $\frac{24000000}{4000} = 6000$ Mutationen zu setzen ist.

In unserer biochronischen Gleichung:

$$M \times L = BZ$$

stellen wir also als erste, ganz grobe, vorläufige Annäherung für die höheren Pflanzen die Anzahl der Mutationsperioden (M) auf 6000, und die mittlere Länge der Intervalle (L) auf 4000 Jahre.

Auf irgend welche Genauigkeit machen diese Zahlen keinen Anspruch. Aber sie sind geeignet, unseren Vorstellungen eine Grundlage zu geben, von der aus weitere Berechnungen möglich sind. Namentlich aber sollen sie zeigen, dass die einschlägigen Fragen gar nicht weit ausserhalb des Gebietes der Wissenschaft liegen, sondern im Gegentheil unserem Forschungsgeiste ganz gut zugänglich sind. Ihre Lösung, im Einklange mit den sonstigen Kenntnissen auf diesem weiten Gebiete, muss uns nur möglich erscheinen; dann wird das Material dazu gewiss allmählich zusammengebracht werden.

Die ganze Complication der organischen Welt ist behufs eingehender Analyse in Einheiten zu zerlegen; diese Einheiten sind in der Systematik die constanten Arten; in der Morphologie und Physiologie sind sie die elementaren Eigenschaften. Die Systematik nähert sich dem Artbegriffe immer mehr; möge es bald der Biologie gelingen, zu beweisen, dass auch die Eigenschaften der Organismen aus scharf von einander unterschiedenen Einheiten aufgebaut sind!

Druck von August Pries in Leipzig.

FSC
www.fsc.org
MIX
Papier | Fördert
gute Waldnutzung
FSC® C083411

Zeitfracht Medien GmbH
Ferdinand-Jühlke-Straße 7
99095 Erfurt, Deutschland
produktsicherheit@kolibri360.de